来发现吧，来思考吧，来动手实践吧
一套实用性体验型亲子共读书

365数学
趣味大百科

日本数学教育学会研究部 著
《儿童的科学》编辑部 著

卓 扬 译

U0191735

九州出版社
JIUZHOUPRESS

图书在版编目（CIP）数据

365 数学趣味大百科．11 / 日本数学教育学会研究部，
日本《儿童的科学》编辑部著；卓扬译．-- 北京：九
州出版社，2019.11（2020.5 重印）

ISBN 978-7-5108-8420-7

Ⅰ．①3… Ⅱ．①日… ②日… ③卓… Ⅲ．①数学—
儿童读物 Ⅳ．① O1-49

中国版本图书馆 CIP 数据核字（2019）第 237290 号

著作权登记合同号：图字：01-2019-7161

来自 读者 的反馈

（日本亚马逊 买家 评论）

id: Ryochan

关于趣味数学的书有很多，像这种收录成一套大百科的确实不多。书里介绍了许多数学的不可思议的方法和趣人趣闻。连平时只爱看漫画类书的孩子，不用催促，也自顾自地看起了这本书。作为我个人来说，向大家推荐这套书。

id: 清六

这是我和孩子的睡前读物。书里的内容看起来比较轻松，也相对浅显易懂。

id: pomi

一开始我是在一家博物馆的商店看到这套书的，随便翻翻感觉不错，所以就来亚马逊下单了。因为孩子年纪还小，所以我准备读给他听。

id: 公爵

孩子挺喜欢这套书的，爱读了才会有兴趣。

匿名 ————————————

　　这是一套除了小孩也适合大人阅读的书，不少知识点还真不知道呢。非常适合亲子阅读。

 匿名 ————————————

　　给侄子和侄女买了这套书。小学生和初中生，爸爸和妈妈，大家都可以看一看。

 id: GODFREE ————————————

　　从简单的数字开始认识数学，用新的角度发现事物的其他模样，这套书让孩子尝试全新的探索方式。数学给我们带来的思维启发，对于今后的成长也大有裨益。

 id: Francois ————————————

　　我是买给三年级的孩子的。如何让这个年纪的孩子对数学感兴趣，还挺叫人发愁的。其实不只是孩子，我们家都是更擅长文科，还真是苦恼呢。在亲子共读的时候，我发现这套书的用语和概念都比较浅显有趣，让人有兴致认真读下来。

 id: NATSUT ————————————

　　我是小学高年级的班主任。为了让大家对数学更感兴趣，我为班级的图书馆购置了这套书。这套书是全彩的，有许多插画，很适合孩子阅读。

目 录

介绍　计算中的数学　测量中的数学　图形中的数学　规律中的数学　历史中的数学　生活中的数学　数学名人小故事　游戏中的数学　体验中的数学

目 录

本书使用指南

图标类型

本书基于小学数学教科书中"数与代数""统计与概率""图形与几何""综合与实践"等内容，积极引入生活中的数学话题，以及"动手做""动手玩"的内容。本书一共出现了9种图标。

计算中的数学
内容涉及数的认识和表达、运算的方法与规律。对应小学数学知识点"数与代数"：数的认识、数的运算、式与方程等。

测量中的数学
内容涉及常用的计量单位及进率、单名数与复名数互化。对应小学数学知识点"数与代数"：常见的量等。

规律中的数学
内容涉及数据的收集和整理，对事物的变化规律进行判断。对应小学数学知识点"统计与概率"：统计、随机现象发生的可能性；"数与代数"：数的运算等。

图形中的数学
内容涉及平面图形和立体图形的观察与认识。对应小学数学知识点"图形与几何"：平面图形和立体图形的认识、图形的运动、图形与位置。

历史中的数学
数和运算并不是凭空出现的。回溯它们的过去，有助于我们看到数学的进步，也更加了解数学。

生活中的数学
数学并不是禁锢在课本里的东西。我们可以在每一天的日常生活中，与数学相遇、对话和思考。

数学名人小故事
在数学历史上，出现了许多影响世界的数学家。与他们相遇，你可以知道数学在工作和研究中的巨大作用。

游戏中的数学
通过数学魔法和益智游戏，发掘数和图形的趣味。在这部分，我们可能要一边拿着纸、铅笔、扑克和计算器，一边进行阅读。

体验中的数学
通过动手，体验数和图形的趣味。在这部分，需要准备纸、剪刀、胶水、胶带等工具。

作者
各位作者都是活跃在一线教学的教育工作者。他们与孩子接触密切，能以一线教师的视角进行撰写。

阅读日期
可以记录下孩子独立阅读或亲子共读的日期。此外，为了满足重复阅读或多人阅读的需求，设置有3个记录位置。

日期
从1月1日到12月31日，每天一个数学小故事。希望在本书的陪伴下，大家每天多爱数学一点点。

迷你便签
补充或介绍一些与本日内容相关的小知识。

引导"亲子体验"的栏目
本书的体验型特点在这一部分展现得淋漓尽致。通过"做一做""查一查""记一记"等方式，与家人、朋友共享数学的乐趣吧！

2 生活中的数学

贺年明信片的发售日

11月 01日

青森县　三户町立三户小学
种市芳丈 老师撰写

阅读日期　月　日　月　日　月　日

---

1 万日元能买到 150 张？

今天是贺年明信片的发售日（每年的发售日稍有不同）。

于是，妈妈让吉武去邮局买一些贺年明信片。妈妈拿出 1 万日元递给吉武，说："去买 150 张 52 日元的明信片。"吉武心想："1 万日元够不够呢？"他本打算用笔算来确认一下，但是身边没有纸也没有铅笔。那么，就只有口算了。如果是你，会如何进行口算呢？

3 种口算的方法

· 吉武的口算方法①

进行 52×150 的运算时，可以把 150 分解为 100 和 50。52×100 = 5200。52×50 是 52×100 的一半，即 2600。因此，52×150 = 5200 + 2600 = 7800（日元）（图 1）。

· 吉武的口算方法②

进行 52×150 的运算时，可以把 52 分解为 50 和 2。50×150

8

是 $100 \times 150 = 15000$ 的一半，即 7500。$2 \times 150 = 300$。因此，$52 \times 150 = 7500 + 300 = 7800$（日元）（图2）。

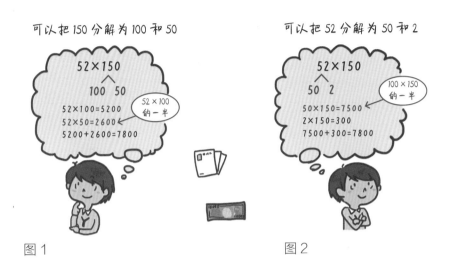

图1   图2

· 吉武的口算方法③

进行 52×150 的运算时，可以把 52 除以 2，把 150 乘以 2。$52 \div 2 = 26$。$150 \times 2 = 300$。因此，$52 \times 150 = 26 \times 300 = 7800$（日元）（图3）。

图3

1 万日元是足够的。于是，吉武安下心来，带着妈妈的任务出门去了……

迷你便签

1 张公益贺年明信片售价 57 日元，1 枚公益贺年邮票售价 55 日元（截止 2015 年 11 月）。那么，同样用 1 万日元可以买到 150 张明信片或邮票吗？别拿纸笔，请口算看看吧。

表示单位的日文汉字

岩手县　久慈市教育委员会
小森笃 老师撰写

m 和 g 的汉字是什么？

图1

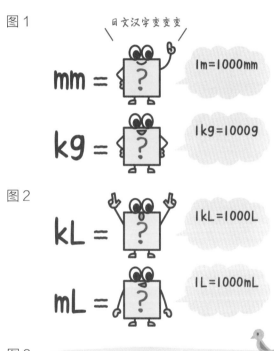

日文汉字变变变

mm = ？　1m=1000mm

kg = ？　1kg=1000g

图2

kL = ？　1kL=1000L

mL = ？　1L=1000mL

图3

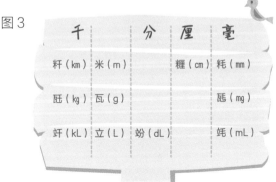

千		分	厘	毫
粁（km）	米（m）		糎（cm）	粍（mm）
瓩（kg）	瓦（g）			瓱（mg）
竏（kL）	立（L）	竕（dL）		竓（mL）

你知道长度单位"m"的汉字是什么吗？很简单，就是"米"。此外，"g"的汉字是"克"，"L"的汉字是"升"。而在日本，"g"的汉字是"瓦"，"L"的汉字是"立"。

你知道吗，在日本还分别有和"km（千米）"和"mg（毫克）"对应的汉字哦。"km"的汉字是"粁"，"mg"的汉字是"瓱"。

汉字的组成部分！

让我们仔细观察这些日文汉字的组成奥秘。"1km = 1000m"，"1g = 1000mg"。不难发现，

"粁"是从"米（m）"而来，"瓲"是从"瓦（g）"而来。

根据这种规律，请猜一猜"mm"和"kg"的日文汉字吧（图1）。

怎么样，就是要在字中加"千"和"毛"对不对。再来想一想"千升（kL）"和"毫升（mL）"的日文汉字吧（图2）。

轻松解决了吧？继续来。"厘米（cm）"和"分升（dL）"自然也有对应的日文汉字。"cm"的汉字是"糎"，"dL"的汉字是"兝"。如图3所示，已经给大家整理好了汉字表。

你知道和制汉字吗?

120多年前，"米·克·升"等单位名称从西方传入日本。当时，日本翻译为"米·瓦·立"。同一时期引入的单位名称还有"千米·厘米·毫米"等。对于它们，日本并没有合适的汉字。于是，便出现了"粁·糎·粍"等根据中国汉字造字法中的会意或形声造字法所造出来的汉字。诞生于日本的原创汉字，叫作"和制汉字"。

"粁、糎、粍、瓩、瓲、兛、兝、兡"等单位名称也是中国近代对公制单位的旧译，现已废除，而日本仍使用。如图3所示，空格部分对应的单位其实也是存在的。比如，"厘升"这个单位虽然在日本不常使用，但在欧美常见于饮料或果酱上的标签。

有意思！和是 1 的分数运算

青森县　三户町立三户小学
种市芳丈 老师撰写

阅读日期　　月　日　｜　月　日　｜　月　日

分数运算，我能行

如图 1 所示，请在 □ 中填入整数。

图1

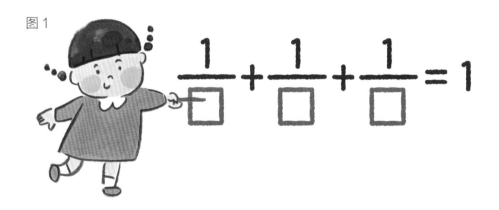

$$\frac{1}{\Box} + \frac{1}{\Box} + \frac{1}{\Box} = 1$$

"很简单，□里填 3！"回答这个答案的小伙伴，首先肯定是合格了。从合格到优秀，还有 2 个答案的距离。来试着找一找吧。

想要简单地解题，就来看看手上的指针式电子表吧。首先在表盘上，找出分子是 1 的分数。比如，$\frac{1}{2}$ 代表表盘上的 6 的大小，$\frac{1}{3}$ 代表表盘上的 4 的大小，$\frac{1}{4}$ 代表表盘上的 3 的大小，$\frac{1}{6}$ 代表表盘上的 2 的大小，$\frac{1}{12}$ 代表表盘上的 1 的大小（图 2）。

图2

$\frac{1}{2}$ $\frac{1}{3}$ $\frac{1}{4}$

$\frac{1}{6}$ $\frac{1}{12}$

分数思考，用手表

看一看手表，想一想分数，我们就能够知道□里要填什么了。假设，我们往左边的□填入2，中间的□填入4，那么右边的□就填入4。如果往左边的□填入2，中间的□填入3，右边的□就填入6（图3）。

面对算式，我们
有时候不能够马上得
出结论。这时，使用
图来进行思考，可能
会出现解题的捷径。
当你遇到这样的困扰，
不妨来试一试吧。

图3

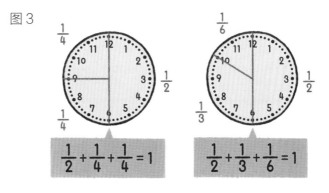

$$\frac{1}{2}+\frac{1}{4}+\frac{1}{4}=1$$ $$\frac{1}{2}+\frac{1}{3}+\frac{1}{6}=1$$

迷你便签

古埃及人使用分数的方法很有趣，他们只有分子是1的分数。比如，他们会将 $\frac{5}{6}$ 表示为 " $\frac{1}{2}+\frac{1}{3}$ "。

一共有几道折痕呢

测量中的数学

11月04日

岩手县　久慈市教育委员会
小森笃老师撰写

阅读日期　月　日　月　日　月　日

把纸对折的话……

图 1

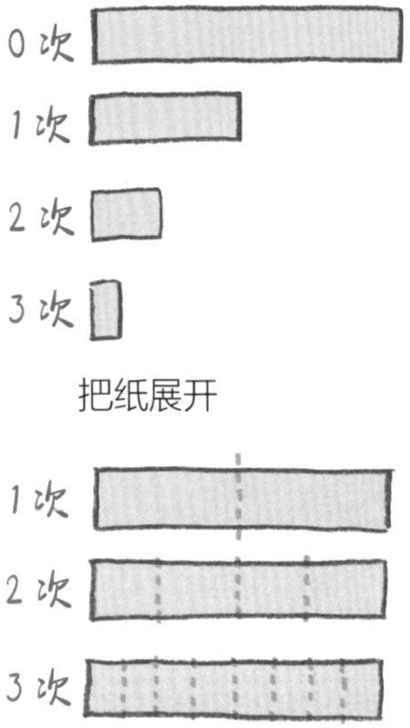

0 次
1 次
2 次
3 次
把纸展开
1 次
2 次
3 次

如图 1 所示，请将一张纸条对折数次，然后展开来。对折 1 次时，纸条的折痕是 1 道。对折 2 次时，纸条的折痕是 3 道。对折 3 次时，纸条的折痕是 7 道。对折 5 次时，纸条折痕有多少道？

我们可以用纸折一折，在实际操作中找出答案。不过大家要注意，一张复印纸大概是 0.1 毫米，在对折 5 次后厚度会达到 3.2 毫米。对折次数越多，难度就越大。我们还是加把劲儿把规律找出来吧。

把规律找出来

如图 1 所示，经过 1 次对折后，被折痕分隔开来的部分有 2 个。经过 2 次对折后，被折痕分隔开来的部分有 4 个。3 次对折后，被折痕分隔开来的部分有 8 个。可以看出来，被折痕分隔的部分的数量是成倍增长的。

折痕数量等于被折痕分隔的部分的数量减去 1。如表 1 所示，

表1

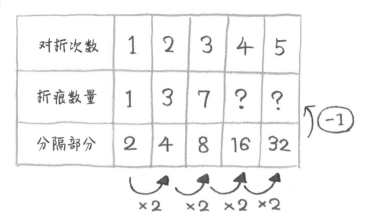

对折5次后，被折痕分隔的部分的数量是32个，所以折痕数量是 32 - 1，答案是"31"。

这时，我们也可以找到折痕数量的增长规律了。如表2所示，折痕每次增加的数量，都是前一次的2倍。因此，对折6次后的折痕增加数量，是对折5次后的折痕增加数量的2倍，即 16×2 = 32。经过6次对折，折痕数量达到 31 + 32 = 63。

那么对折6次后，被折痕分隔的部分的数量将达到64个。

表2

对折次数	1	2	3	4	5
折痕数量	1	3	7	15	31

+2　+4　+8　+16

被折痕分隔的部分的数量成倍增长，且折痕数量等于被折痕分隔的部分的数量减去 1，所以折痕数量通过以下公式求得：[(2×2×…（2 的个数等于对折次数）…×2) − 1]。

15

印度诞生的便利算法"三数法"

11月 05日

大分县 大分市立大在西小学
二宫孝明老师撰写

阅读日期	月 日	月 日	月 日

印度诞生的三数法

从古时开始,印度人便擅长计算。诞生于印度的"三数法",就是一个非常便利的运算方法,它通过已知的 3 个数,就可以求出答案。通过下面这道问题,我们一起揭开"三数法"的面纱吧。

"12 个橘子可以换到 5 个苹果,那么 36 个橘子可以换到多少个苹果?"在这道题目中,出现了"12、5、36"这 3 个数。三位数的规则是,"不同类型的数相乘,再除以相同类型的数。"我们想知道的是,36 个橘子可以换到的苹果数量,所以先让 36 个橘子乘以

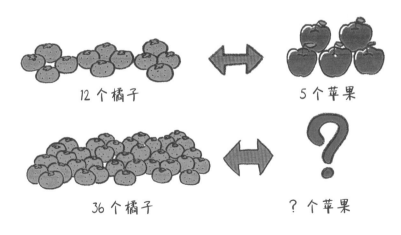

12 个橘子   5 个苹果

36 个橘子   ? 个苹果

$$36 \times 5 \div 12 = 15$$

通过"12、5、36"这 3 个数求得答案。

5 个苹果。然后，再除以 12 个橘子。算式列为 36 × 5 ÷ 12 = 15。可以得出，36 个橘子可以换到 15 个苹果。

被称为 "黄金法则"

三数法是怎么诞生，又可以运用在哪些场合呢？在 16 世纪，有许多商船来往于印度与欧洲。西方人想购买印度的特产，但他们的货币却不能使用。于是，在以物易物的时候，人们就开始使用三数法。

后来，三数法传入日本、欧洲，被称为 "黄金法则"。

试一试

用 "三数法" 解题

请用 "三数法" 计算下面的问题。"8 颗糖果 240 日元，14 颗糖果售价多少日元？" 糖果个数 14 乘以价格 240，然后除以个数 8。可得 14 颗糖果售价 420 日元。

迷你便签

从古时开始，印度的数学研究之风便十分盛行。标准的数字 0 和 "十进制计数法" 都诞生于印度（见 8 月 31 日）。感兴趣的小伙伴，可以调查一下印度的数学史哦。

洞穴里有多少水

测量中的数学

11月 **06**日

神奈川县　川崎市立土桥小学

山本直老师撰写

阅读日期　　月　日　　月　日　　月　日

从前的脑筋急转弯

从前，有这样一道脑筋急转弯。

"在长 1 米、宽 1 米、深 1 米的洞穴中，一共有多少土？"

正确答案居然是"0"哦。想一想其实有道理，洞穴里应该是空空的。如果填上了土，那么洞穴的称呼也不复存在了。当我们听到"有多少"这个字眼时，就会下意识地去计算洞穴的空间里可以填上的土量，于是就上当啦。

如果灌入很多的水

那么，如果往这个洞穴里灌水，一共可以灌多少水？正确答案是 1000 升，等于 1000 盒 1 升的盒装牛奶。

再来，如果往洞穴里放入长、宽、高都是 1 厘米的骰子，一共可以放多少个呢？首先，长 1 米等于长 100 厘米，也就是说，洞穴的

18

长度等于 100 个骰子的长度。以此类推，洞穴的宽度等于 100 个骰子的宽度，洞穴的深度等于 100 个骰子的高度。100×100×100 ＝ 1000000（100 万）。洞穴里一共可以装 100 万个骰子，这洞可够大的呀。

表示容积的单位

在净水厂、水务局、游泳馆等地方，会将"长 1 米、宽 1 米、深 1 米"的水的体积，表示为 1 立方米。那么，我们可

375000盒!!

以认为长 25 米、宽 15 米、深 1 米的游泳池里，有 375 个 1 立方米的水。因为 1 立方米的水等于 1000 盒 1 升的盒装牛奶，如果要用牛奶装满这个游泳池，就要用掉整整 375000 盒 1 升的盒装牛奶。

在长度、面积、体积、容积等方面，可以用某一个单位大小为基准，来描述其他物体。

决定胜负的招数就是看"余"！这就是日本药师算

熊本县 熊本市立池上小学
藤本邦昭老师撰写

猜到围棋子的总数

准备一些围棋子和弹珠。

图1

一边摆6个

让小伙伴背过身去，用12颗以上的围棋子围成一个正方形，大小随意（图1）。

然后，保留正方形的一边，把其他的围棋子打散（图2）。按照保留的那一边，摆好围棋子（图3）。

图2

保留左侧的一边

图3

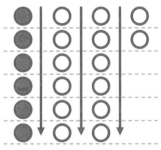

根据左侧摆好围棋子

观察围棋子的最右侧（第 4 列），把多余的围棋子数量告诉小伙伴。如图 4 所示，就可以告诉小伙伴，剩余的围棋子是"2 个"哦。

图 4

根据围棋子的剩余数量，就可以猜到组成正方形的围棋子总数。

猜对数量的方法

知道了围棋子的剩余数量，可以通过下面的算式，来计算出围棋子的总数。（剩余数量）× 4 + 12。

当剩余的围棋子是 2 个的时候，$2 × 4 + 12 = 20$。组成正方形的围棋子一共有 20 个。

迷你便签

药师琉璃光如来，简称药师如来、琉璃光佛、消灾延寿药师佛，为东方净琉璃世界的教主。

药师如来有"十二"大愿，门下有"十二"夜叉神将，与"12"这个数缘分颇深。因此在日本，就把与"12"关系浓厚的数学游戏，称为"药师算"。

条形码中的秘密

11月 08日

东京学艺大学附属小学
高桥丈夫 老师撰写

阅读日期　月　日　｜　月　日　｜　月　日

结账时常常看到它

大家对条形码都不陌生吧。条形码，是将宽度不等的多个黑条和白条，按照一定的编码规则排列，用以表达一组信息的图形标识符。

如图 1 所示，有 10 个格子，每个格子分别可以表示 0-1023 的数。而每个数字的背后，显示着物品的生产国、制造厂家、商品名称、生产日期、图书分类号、邮件起

图 1

止地点、类别、日期等信息。当"滴"的清脆声音响起，商品的所有信息也随之被读取了，因而条形码在商品流通、图书管理、邮政管理、银行系统等许多领域都得到广泛的应用。

条形码还可以运用在学号的表示上。假设一个班级有 40 人，那

么 6 位条形码就可以描述 40 个学号了。如图 2 所示，这是 1 号到 5 号的条形码。

如图 3 所示，条形码的每一位上都藏着一个数字。

图2

1号 ➡

2号 ➡

3号 ➡

4号 ➡

5号 ➡

条码里有许多信息

仔细观察，我们可以发现在商品条形码上，条码下方的数字也有着明显的含义。商品条码数字一般由前缀部分、

图3

32	16	8	4	2	1

制造厂商代码、商品代码和校验码组成。在日本，比较常见的条码数字是 13 位和 8 位。

前缀码是用来标识国家或地区的代码，赋码权在国际物品编码协会，如 45、49 代表的就是日本。也就是说，当我们在一件商品的条码数字的前两位看到 45 或 49 时，就可以知道这件商品的产地是日本了。

迷你便签

随着时代的发展，诞生了更多信息更少空间的二维码。二维码呈正方形，常见的是黑白两色。在 3 个角落，印有像"回"字的正方图案。这 3 个是帮助解码软件定位的图案，用户不需要对准，无论以任何角度扫描，数据仍可正确被读取。

九九乘法表的益智游戏时间

神奈川县　川崎市立土桥小学

山本直老师撰写

又到了熟悉的九九乘法表时间，开始今天的益智游戏吧。

准备材料

▶ 九九乘法表
▶ 剪刀

● 九九乘法表的益智游戏时间

首先，我们要准备一下益智游戏的道具。如右图所示，沿着九九乘法表里的粗线剪成一块块。在日本的九九乘法表，81 组积的 81 项口诀都需要学习。

这部分不需要

乘　数

✕	1	2	3	4	5	6	7	8	9
1	1	2	3	4	5	6	7	8	9
2	2	4	6	8	10	12	14	16	18
3	3	6	9	12	15	18	21	24	27
4	4	8	12	16	20	24	28	32	36
5	5	10	15	20	25	30	35	40	45
6	6	12	18	24	30	36	42	48	54
7	7	14	21	28	35	42	49	56	63
8	8	16	24	32	40	48	56	64	72
9	9	18	27	36	45	54	63	72	81

乘数

● 回归完整的九九乘法表

现在，我们来介绍一下游戏的玩法。首先，将九九乘法表的小方块打乱。然后，将小方块恢复到九九乘法表的样子。当完整的九九乘法表出现时，游戏结束。

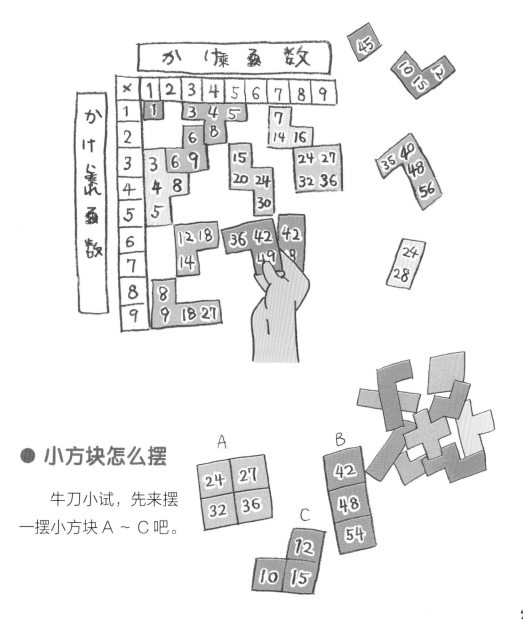

● 小方块怎么摆

牛刀小试，先来摆一摆小方块 A ~ C 吧。

● 嗨，小方块 A

注意到小方块 A 里的 27，它可以表示为 3×9 和 9×3。因此，27 在 3 段或 9 段的位置。

再来看看 27 隔壁的 24，24 和 27 相差 3，所以它们都在 3 段。如右图所示，小方块 A 就在这里哦。

小方块 A 应该在这里哦

● 哟，小方块 B

注意到小方块 B 里的 42，它可以表示为 6×7 和 7×6。因此，42 在 6 段或 7 段的位置。

再来看看 42 下面的 48，42 和 48 相差 6，所以它们都在 6 段。如右图所示，小方块 B 就在这里哦。

● 哇，小方块 C

注意到小方块 C 里的 12，它可以表示为 3×4 和 4×3，2×6 和 6×2。因此，12 在 3 段、4 段、2 段或 6 段的位置。

再来看看 12 下面的 10 和 15。10 和 15 相差 5，所以它们在 5 段。那么，12 就在 4 段。如右图所示，小方块 C 就在这里哦。

 在九九乘法表中，当遇到 25、49、64 等只出现一次的数字时（按照 81 组积、81 项口诀的法则），就是益智游戏的关键点。请想一想包含这些数的小方块应该摆在哪里吧。

27

图形的持续形态！
分母成倍增长

学习院小学部
大泽隆之老师撰写

11月 10日

阅读日期　　月　日　　月　日　　月　日

以图形来思考运算

$\frac{1}{2} + \frac{1}{4} + \frac{1}{8} + \frac{1}{16} + \cdots\cdots$的答案是什么？这个问题有难度，它是一个没有结束的运算。

但是，当我们以图形来思考这道题目的时候，可能会更容易发现答案。

首先，将一个图形作为 1。然后，用橙色画出这个图形的 $\frac{1}{2}$，$\frac{1}{4}$，$\frac{1}{8}$。

涂完橙色之后，图形的这一部分表达的就是 $\frac{1}{2} + \frac{1}{4} + \frac{1}{8}$。

接着，我们来涂 $\frac{1}{16}$ 的部分。于是我们可以发现，颜色越涂越满，也就是越来越接近 1。

大家都明白了吧。

这道没有结束的运算，它的远方是什么呢？是无限接近 1 的情况。

如图 1 所示，除了长方形、正方形，大家也可以用等腰直角三角形来思考这个问题。

同样，我们在这个图形里，也看到了无限接近 1 的情况。

给剩下部分的一半涂上橙色，就越来越接近 1 了。

图 1

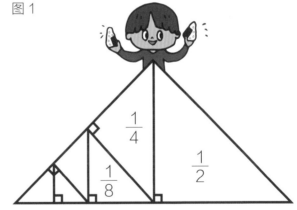

在这个等腰直角三角形上涂色，看看会有什么发现吧。和家人、小伙伴还可以挑战一下其他的图形哦。

计算中的数学

拔地而起的
数字金字塔

11月 11日

岛根县 饭南町立志志小学
村上幸人 老师撰写

阅读日期 ✎ 月 日 | 月 日 | 月 日

只有1的乘法

今天是 11 月 11 日。看到整整齐齐的 4 个 1，思如泉涌。那么，我们先来算算 11×11 吧。答案是什么？没错，是 121。

再来试试 111×111 吧。答案是 12321。继续来，1111×1111 的答案是？

如下图所示，当算式都列出来时，我们不需要计算就可以推断出答案了。"原来可以不用笔算啊。"我们可以这样想着，再进行笔算。因为只有在笔算之后，我们才知道为什么答案的数字可以排列得这么漂亮。

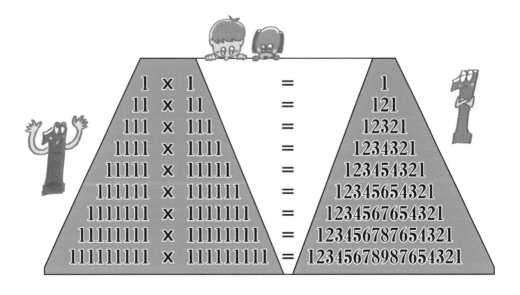

$$1 \times 1 = 1$$
$$11 \times 11 = 121$$
$$111 \times 111 = 12321$$
$$1111 \times 1111 = 1234321$$
$$11111 \times 11111 = 123454321$$
$$111111 \times 111111 = 12345654321$$
$$1111111 \times 1111111 = 1234567654321$$
$$11111111 \times 11111111 = 123456787654321$$
$$111111111 \times 111111111 = 12345678987654321$$

只有 1 的答案

反过来，你可以创造出答案只有 1 的算式吗？"还能有这回事？"别急，首先给大家看一个算式，可以参考参考。

$1 \times 9 + 2 = 11$。

怎么样？答案就是 2 个 1 哦。再来看这个算式。

$12 \times 9 + 3 = 111$。

笔算也好，口算也好，答案就是 3 个 1 哦。接下来，可以推断出答案是 4 个 1、5 个 1，9 个 1、10 个 1 的人，肯定有着很高的数学推理能力。来看看算式是怎么变化的吧。

$123 \times 9 + 4 = 1111$。

$1234 \times 9 + 5 = 11111$。

$12345 \times 9 + 6 = 111111$。

像变戏法似的，答案都由 1 组成。这个数学魔术，没有动手脚。

计算器来算一算

这几道算式也有着数学魔力哦。当我们使用计算器，

A **12345679** x **3** x **9** =
B **12345679** x **2** x **9** =
C **12345679** x **1** x **9** =

发现神奇的答案时，再继续试试更多的算式吧。

使用计算器多多的尝试，可能会有大发现！排列得漂亮的数字肯定还有许多，等着你的发现呢。

挑战汉诺塔益智游戏

御茶水女子大学附属小学
久下谷明老师撰写

阅读日期 ✐ | 月 日 | 月 日 | 月 日

当有3个圆盘时？

你知道汉诺塔吗？

"汉诺塔"，又称河内塔。汉诺塔益智游戏源于印度一个古老的传说，它的游戏规则如下（图1）。

当圆盘有2个时，从一根柱子移动到另一根柱子，一共需要移动3次（图2）。

图1

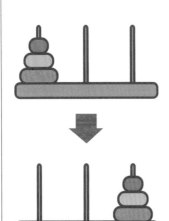

汉诺塔益智游戏

在印度传说中，印度教的主神大梵天在创造世界的时候做了三根金刚石柱子，在一根柱子从下往上按照大小顺序摞着64片黄金圆盘。大梵天命令婆罗门把圆盘按照相同的大小顺序重新摆放在另一根柱子上。当所有的黄金圆盘都移到另外一根金刚石柱子时，世界将在一声霹雳中尘归于零。移动的时候需要遵守以下规则：

① 三根柱子之间一次只能移动一个圆盘。

② 小圆盘上不能放大圆盘

图2

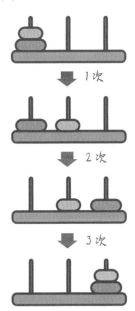

1次

2次

3次

当圆盘有 3 个时，从一根柱子移动到另一根柱子，一共需要移动多少次？挑战最少的方法，快来试试吧。

怎么样？最少需要移动多少次圆盘呢？答案见"迷你便签"。

完成 3 个圆盘后，就可以继续挑战 4 个圆盘了！最少需要移动多少次呢？

来做自己的汉诺塔吧

我们可以选择在市面上买汉诺塔益智玩具，也可以自己来做一做哦。用身边的简单材料，就可以完成了。如右侧照片所示，可以把不同颜色的卡纸当成圆盘。当然，也可以用大小不同的橡皮擦代替圆盘。在柱子的位置，没有小木棒，可以用小圆点来代替。这是在家里就可以做、可以玩的汉诺塔哦。

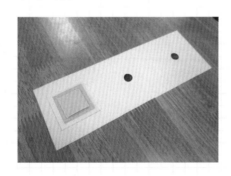

久下谷明／摄

（答案）当圆盘有 3 个时，从一根柱子移动到另一根柱子，最少需要移动多少次？答案是 7 次。

计算中的数学

这就是 $\frac{1}{4}$ 吗

学习院小学部
大泽隆之 老师撰写

11月 13日

阅读日期 ✐　月　日　｜　月　日　｜　月　日

折一折，试一试

如图 1 所示，请在一张纸中找到 $\frac{1}{4}$。把整体 1 平均分成 4 份，每份就是 $\frac{1}{4}$。

图 1

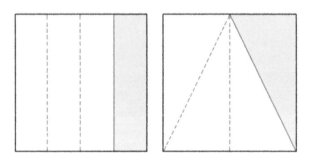

如图 2 所示，我们也可以把黄色部分称为 $\frac{1}{4}$ 吗？

小 A 想了想，认为："黄色部分和白色部分的形状不都相同，所以不能说是 $\frac{1}{4}$。"

小 B 想了想，回答："黄色部分是这张纸的一半的一半，所以可以说是 $\frac{1}{4}$。"

那么，你赞成谁的想法？

有点糊涂了。

图2

小A

小B

想一想，画一画

擦去辅助线，如图3所示，黄色部分是白纸的 $\frac{1}{4}$ 。

"把整体1平均分成4份，每份就是 $\frac{1}{4}$ 。"回看最初的这一句话，部分的形状不同、大小相同也是可以的。

如图4所示，加上辅助线，就能清楚地知道黄色部分和其他1份的大小相等。

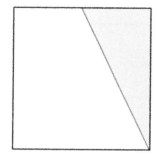

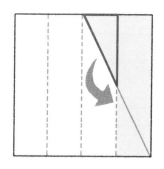

迷茫的时候，就确认一下"大小是不是相同"吧。

打开骰子可以看见吗

北海道教育大学附属札幌小学
泷泷平悠史老师撰写

阅读日期 📖 　月　日 ｜ 　月　日 ｜ 　月　日

拆开一个纸制骰子

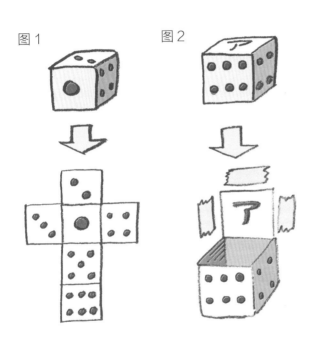

图1　图2

如图 1 所示，这是一个纸制的骰子。它由 6 个完全相同的正方形围成，有 8 个顶点，12 条棱。在这个纸骰子的制作过程中，是用胶带纸把每个面粘在一起的。那么，如果要拆开这个纸骰子，需要撕掉几处胶带纸呢？

首先，我们把面 A 当成盖子，先打开它。如图 2 所示，这时候就要撕掉 3 处的胶带纸。

打开面 A 之后，就要继续拆开面 B 和面 C。如图 3 所示，每个面撕掉 2 处胶带纸，一共撕掉 4 处胶带纸。

最开始的 3 处胶带纸，加上后面的 4 处，一共是 7 处胶带纸。因此，当我们要把一个纸骰子完全展开的话，需要撕掉 7 处胶带纸。

展开后是什么形状

接下来，我们要观察一下展开后的形状，并进行思考。我们知道，骰子一共有 12 条棱。展开后的骰子，还剩下多少胶带纸？一共有 5 处。

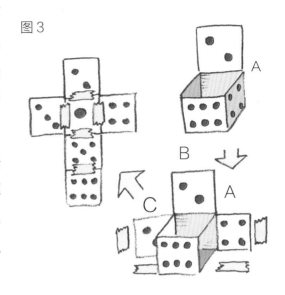

图 3

也就是说，12 条棱中减去剩下的 5 处胶带纸，就是撕掉的胶带纸数量。12 - 5 = 7。根据展开的形状，我们也可以发现撕掉的胶带纸是 7 处。

还有好多发现！

打开纸骰子的方法还有许多哦。大家可以自己做一个纸骰子，然后尝试用其他方法拆开它。记得算一算，用其他方法拆骰子，要撕掉多少处胶带纸吧。

有 11 种方法可以拆开纸骰子哦！

由 6 个完全相同的正方形围成的立体图形，叫作"正方体"。展开纸骰子的方法一共有 11 种，你可以全部找出来嘛？挑战开始。

假话？真话？
吊诡的悖论

福冈县　田川郡川崎町立川崎小学

高濑大辅老师撰写

阅读日期　月　日　｜　月　日　｜　月　日

苏格拉底与柏拉图

悖论，是指一种导致矛盾的命题。悖论（paradox）一词，来自希腊语"paradoxos"，意思是"未预料到的""奇怪的"。如果承认它是真的，经过一系列正确的推理，却又得出它是假的；如果承认它是假的，经过一系列正确的推理，却又得出它是真的。

古今中外有不少著名的悖论，它们震撼了逻辑和数学的基础，激发了人们求知和精密的思考，吸引了古往今来许多思想家和爱好者的注意力。在古希腊，哲学家苏格拉底与柏拉图就进行了这样一段有名的对话。

柏拉图："苏格拉底下面要说的话是真的。"

苏格拉底："柏拉图说的是假话。"

你会相信谁的话？

假设苏格拉底说的是真话，柏拉图说的就

是假话。那么，柏拉图最开始说的话就会变得很奇怪。

反过来，假设苏格拉底说的是假话，柏拉图说的就是真话。那么，矛盾又再一次产生了。

像这样的悖论还有许多，同时解决悖论难题需要创造性的思考，悖论的解决又往往可以给人带来全新的观念。

罗素的理发师悖论

英国数学家罗素曾提出著名的"罗素悖论"，也就是"理发师悖论"。

在某个城市中有一位理发师，他的广告词很有趣："本人的理发技艺十分高超，誉满全城。我将为本城所有不给自己刮脸的人刮脸，我也只给这些人刮脸。我对各位表示热诚欢迎！"

有一天，这位理发师从镜子里看见自己的胡子长了，他本能地抓起了剃刀。那么，他能不能给他自己刮脸呢？

如果理发师不给自己刮脸，他就属于"不给自己刮脸的人"，他就要给自己刮脸。

而如果理发师给自己刮脸的话，他又属于"给自己刮脸的人"，与"我也只给这些人刮脸"的广告相矛盾，因此他就不该给自己刮脸。

悖论真是太神奇啦。

柏拉图是苏格拉底的学生，同时他也是亚里士多德的老师。苏格拉底、柏拉图、亚里士多德并称为"古希腊三贤"，他们被后人广泛地认为是西方哲学的奠基者。

神奇的格子算！
用 UFO 来思考

计算中的数学

熊本县　熊本市立池上小学
藤本邦昭 老师撰写

11月16日

阅读日期　　月　日　　月　日　　月　日

试一试格子算

图1

+	8	7	6
4			
5			
9			

↓

图2

+	8	7	6
4	12	11	10
5	13	12	11
9	17	16	15

4+6

↓

图3

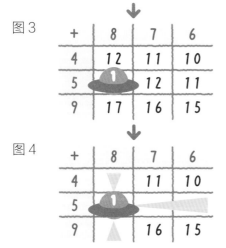

+	8	7	6
4	12	11	10
5		12	11
9	17	16	15

↓

图4

+	8	7	6
4		11	10
5			
9		16	15

如图1所示，这是一个 4×4 的表格，请在纵横各填入 3 个数字。比如，在纵格子填入 4、5、9，横格子填入 8、7、6。

然后，将各个格子的数字相加，把答案（和）再填入格子。

如图 2 所示，格子里又填入了 9 个数。

准备完毕，UFO 启动中。

UFO 让数字消失了

如图 3 所示，在 9 个答案之中，UFO ①号停留在了"13"的位置上。然后这架 UFO 向三个方向发射激光束，白光闪现之处数字皆无可存（图 4）。

40

图5

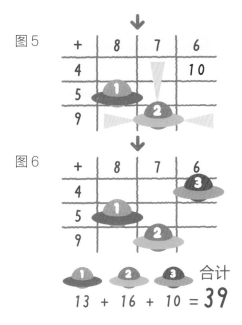

+	8	7	6
4			10
5	1		
9		2	

接下来，又来了一架UFO②号，停留在"16"的位置。同样，在三个方向的激光束后，数字都消失了（图5）。最后，UFO③号停留在了剩下的那个格子"10"上（图6）。

图6

+	8	7	6
4			3
5	1		
9		2	

1 2 3 合计

13 + 16 + 10 = **39**

现在，我们来计算一下3架UFO落地位置的数字之和。13 + 16 + 10 = 39。

按照这样的规则，如果再让3架UFO按顺序停留在其他的位置，会发生什么呢？不管 UFO 在哪里着陆，数字之和都是 39 哦！

这就是神奇的格子算。

出击！

迷你便签

　　3 架 UFO 着陆在 3 个位置上，这 3 个数之和正好等于外侧的 6 个数之和。当我们把外侧数字改变位置，或是直接改变数字，又会发生什么呢？启动 UFO 一探究竟吧。

过山车还不算快吗

东京都丰岛区立高松小学
细萱裕子老师撰写

阅读日期 月 日 | 月 日 | 月 日

和世界纪录比一比？

体验速度与激情，就在游乐园的人气游乐设施——过山车。过山车的速度到底有多快？

过山车的速度，可以通过"过山车总长 ÷ 花费时间"来计算。世界上有各种过山车，它们的时速大概在 20 千米 – 30 千米上下。

其中，时速达到 10 千米的过山车也有许多，但时速超过 30 千米的过山车就不多了。自行车的时速可以达到 15 千米 – 40 千米左右，因此，过山车的时速其实和自行车差不多。

我们知道，目前男子 100 米的世界纪录，是由尤塞恩·博尔特创造的 9.58 秒，也就是时速 38 千米。

平均速度和瞬时速度

什么？以速度与刺激为卖点的过山车，居然跑不过博尔特吗？过山车是没我们想象中的快吗？

其实不是这样的啦。我们之前计算的是平均速度。坐过过山车的小伙伴都知道，过山车的速度不是一成不变的。比如，启动时、接近终点时都是慢慢推进的，速度并不快。变速运动物体的位移与时间的比值并不是恒定不变的，这时我们可以用一个速度粗略地描述物体在这段时间内的运动的快慢情况，这个速度就是平均速度。

与之相对，运动物体在某一时刻或某一位置时的速度，就是瞬时速度。在这种情况下，平均速度达到时速 80 千米 –100 千米的物体，它的瞬时速度可能冲破时速 170 千米。我们乘坐过山车时体验到的惊险与刺激，正是瞬时速度的魅力。

跑步的类型是什么？

在短跑中，人们会测量选手每 10 米的奔跑时间，求出每段距离的速度。通过速度分析，可以判断出选手的跑步类型，比如"先发型""追赶型"等。

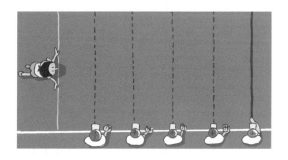

迷你便签

在日本，把 7 月 9 日称为"过山车之日"。1955 年 7 月 9 日，后乐园游乐园（现在的东京巨蛋城游乐园）开园，园中设置了日本第一台过山车。

图形中的数学

变多的正方形！
揭秘数学魔法

11月 18日

大分县　大分市立大在西小学
二宫孝明老师撰写

阅读日期　　月　日　｜　月　日　｜　月　日

开始，制作数学魔术

假设，我们眼前的纸上有 64 个格子。使用一个数学魔法，眨一眨眼，再数一数，居然增加了 1 个格子，变成了 65 个格子。百闻不如一见，耳听为虚眼见为实，现在就来做一做这个数学魔术吧。

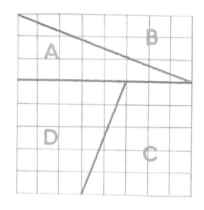

图 1　在 8×8 的方格纸上画线，可分为 4 个部分。

首先，准备一张 8×8 的正方形格子纸。如图 1 所示，画出 3 条直线。8×8 的格子纸一共有 64 个格子。

然后，按照之前画出的线将正方形分成 4 份。如图 2 所示，4 个部分可以再组成一个长方形。这时一共有多少个格子呢？ 5×13 = 65，一共有 65 个格子。哎呀？格子怎么多了 1 个，它又是从哪里冒出来的呢？

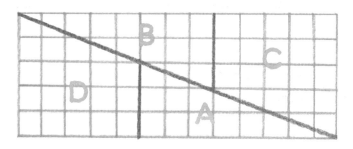

图2 从8×8的正方形移动为5×13的长方形

其实，没有增加哦

实际上，从正方形变为长方形的时候，在对角线上藏有猫腻哦。仔细观察对角线的部分，会发现并不是一条直线，由若干条直线撕开了一个小小的空隙。这个空隙的大小，正好就是1个格子的大小。也就是说，其实并没有多出来1个格子。如图3所示，我们将空隙部分扩大，大家就可以更清晰地看明白了。

说一个题外话，今天出现的正方形或长方形的边长长度是5、8、13个格子，它们正好都是"斐波那契数列"里的数（关于斐波那契数列，详见12月15日）。

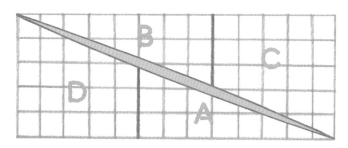

图3 其实中间出现了1个格子大小的空隙。

斐波那契数列，又称黄金分割数列、兔子数列，指的是这样一个数列：1、1、2、3、5、8、13、21……序列中每个数等于前两数之和。在数列中，2加上3得5，5加上8得13。

东京都杉并区立高井户第三小学
吉田映子 老师撰写

阅读日期　　月　日　　月　日　　月　日

四边形有 2 条对角线

多边形两条边相交的地方，叫作"顶点"。连接多边形任意两个不相邻顶点的线段，叫作"对角线"。四边形有 2 条对角线（图 1）。

如图 1 所示，不管是哪种形状的四边形，它的对角线都是 2 条。

图 1　　　　　顶点　　对角线

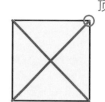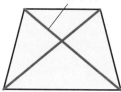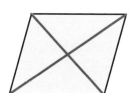

五边形有几条对角线？

如图 2 所示，我们再来看看五边形的对角线。

图 2

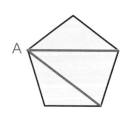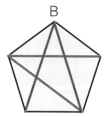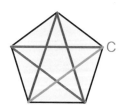

从顶点 A 出发，可以画出 2 条对角线。从顶点 B 出发，也可以画2 条对角线。从顶点 C 出发，还可以画出 1 条对角线。可知，五边形一共 5 条对角线。

图 2 中的五边形，各边相等、各角也相等，因此它是正五边形。正五边形的对角线组成了一个漂亮的五角星。

挑战一笔画

我们可以用一笔画出五边形的对角线。一笔画出五角星后，在外侧连出线，就会浮现出正五边形。接下来，再试试六边形和七边形，看看它们的对角线能不能一笔画吧。

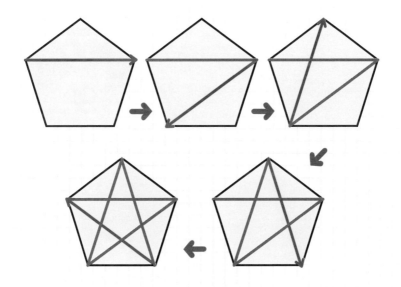

边长数是奇数的多边形，对角线都可以一笔画出来。边长数是偶数的多边形，对角线不能一笔画出来（见 1 月 20 日）。

除法里的"去0"是怎么回事

东京学艺大学附属小学
高桥丈夫 老师撰写

阅读日期 ✐　　月　日　　月　日　　月　日

方便计算的技巧

大家知道除法运算里的小技巧吗?

比如,我们要进行 780÷60 的运算时,笔算是最方便的方法。在埋头开始笔算之前,先等上一等。把位数下降,既可以减少运算错误,也可以加快运算速度。

这个小技巧就是让被除数和除数"去0"的方法。

在 780÷60 的情况下,就是去掉 780 的 0 以及 60 的 0,进行 78÷6 的运算。

运算技巧的由来

为什么被除数和除数可以通过"去0",来进行简便的运算呢?

假设有题目,"有 780 颗糖果,每人分到 60 颗,一共分给了多少人？"这道题目可以列式计算，780÷60 = 13，分给 13 人。

如果把糖果分装到袋子里，每 10 颗装 1 个袋子，可以装几袋？没错，780 颗糖果可以装 78 个袋子。每个人分到 60 颗，就等于每人分到 6 袋糖果。

因此，算式就可以转化为 78÷6 = 13，一共分到的人还是 13 人。也就是说，"去 0"的步骤在这里的含义是，把 10 绑定在一起。那么，当我们遇到 7800÷600 时也可以进行"去 0"的简便运算吗？当然，去掉 00，算式就可以转化为 78÷6 了。

 进行 78000÷6000 运算的时候，应该把什么绑定在一起，让运算变得简单呢？

把 2 个正方形叠在一起

11月
21日

熊本县　熊本市立池上小学
藤本邦昭老师撰写

阅读日期　　月　日　　月　日　　月　日

把大小相同的正方形叠在一起

图1

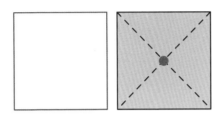

图2

有 2 个大小相同的正方形。如图 1 所示，在右侧正方形上画出 2 条对角线（连接对角的线段）。如图 2 所示，把另一个正方形的顶点与这 2 条对角线的交点重叠。那么，2 个正方形就有重叠的部分了。

问题来了：重叠部分 A 和 B，哪一个大？

其实，A 和 B 的大小都一样哦，它们都等于正方形面积的 $\frac{1}{4}$（图 3）。

2 个大小相同的正方形，以其中一个的对角线交点为中心，另一个正方形进行旋转。它们重叠的部分，都是正方形面积的 $\frac{1}{4}$。

图3

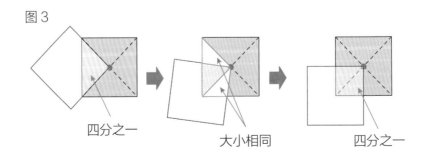

四分之一　　　大小相同　　　四分之一

把大小相同的长方形叠在一起？

那么，把 2 个大小相同的长方形叠在一起，重叠部分的大小也会是长方形的 $\frac{1}{4}$ 吗？

如图 4 上所示，把一个长方形的顶点与另一个长方形 2 条对角线的交点重叠。它们重叠的部分，果然就是长方形面积的 $\frac{1}{4}$。

但是，当另一个长方形旋转起来的话，这时候重叠部分明显超过 $\frac{1}{4}$ 啦（图 4 下）。2 个大小相同的长方形，它们重叠的部分并不都相等。

如图 5 所示，2 个相同大小的正六边形进行这样的操作，它们重叠部分的大小总是相等。

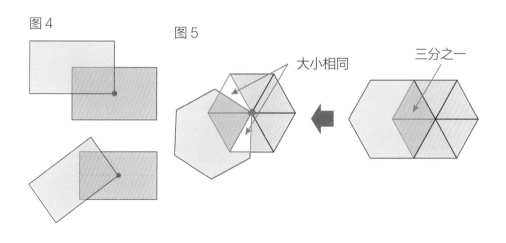

图 4

图 5

大小相同

三分之一

迷你
便签

如图 5 所示，2 个相同大小的正六边形进行重叠的操作，它们重叠部分的大小总是相等，都是正六边形的 $\frac{1}{3}$。有兴趣的小伙伴，还可以找一找有哪些图形经过重叠的操作后，重叠部分的大小总是相等。

骆驼怎么分呀

明星大学客座教授
细水保宏老师撰写

阅读日期 🖊 ＿月＿日 ｜ ＿月＿日 ｜ ＿月＿日

骆驼怎么分呀？

今天要讲的数学题目，它的背景来自一个传统的民间故事。和 10 月 11 日的 2 个小伙伴分饼干，有异曲同工之妙。

【拥有 17 头骆驼的老人去世后，留下这样的遗嘱："老大分到 $\frac{1}{2}$，老二分到 $\frac{1}{3}$，老三分到 $\frac{1}{9}$。"】

这道题目的难点是，17 头骆驼既不能被 2、被 3，也不能被 9 整除。正在兄弟三人烦恼之时，一位智者出现，并带来了分骆驼的方法。你知道智者是怎么分骆驼的吗？

有借有还的骆驼

17 头骆驼怎么分给兄弟三人？故事有了这样的发展。

首先，智者把自己的 1 头骆驼借给了兄弟三人。这时，他们的骆驼一共有 18 头，老大分到 $\frac{1}{2}$，是 9 头；老二分到 $\frac{1}{3}$，是 6 头；老三

分到 $\frac{1}{9}$，是 2 头。兄弟三人一共分到 9 + 6 + 2 = 17 头。最后，剩下来的 1 头骆驼就物归原主，智者带着自己的骆驼功成身退啦。

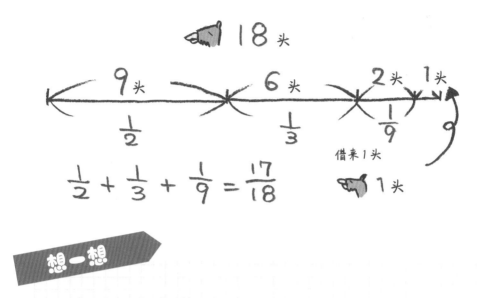

想一想

到底哪里出了错？

【拥有 11 头骆驼的老人去世后，留下这样的遗嘱："老大分到 $\frac{1}{2}$，老二分到 $\frac{1}{3}$，老三分到 $\frac{1}{6}$。"】

正在兄弟三人烦恼之时，一位路人出现，把自己的 1 头骆驼借给了兄弟三人。这时，他们的骆驼一共有 12 头，老大分到 $\frac{1}{2}$，是 6 头；老二分到 $\frac{1}{3}$，是 4 头；老三分到 $\frac{1}{6}$，是 2 头。兄弟三人一共分到 6 + 4 + 2 = 12 头。最后路人愣住了，他的骆驼拿不回来了。到底哪里出错了呢？

迷你便签

"借 1 还 1"的方法，并不适用于所有题目。当几个分数相加之后的分子比分母小 1 时，才能使用这种方法。在"想一想"中，$\frac{1}{2} + \frac{1}{3} + \frac{1}{6} = 1$，因此骆驼没有剩下。

这也是视错觉吗②

11月 **23**日

御茶水女子大学附属小学
久下谷明老师撰写

阅读日期 ✎　　月　　日 ｜ 　月　　日 ｜ 　月　　日

对准的是哪条线？

今天，我们继续讲一讲关于视错觉的那些事（更多故事请见 10 月 30 日、12 月 17 日）。

欢迎来到视错觉的神奇世界，眼见不为实哦。

一年一度的秋之祭典来了。和朋友逛逛祭典，停步在抽抽乐的店铺前。在绷直的细绳前端，连着"中奖"的细绳。细绳①、②、③的前端各是3条细绳，其中只有1条连着"中奖"。乍一眼看去，你会选择哪条呢？

怎么样，你猜的是哪条？保持你的猜想，然后用尺子比划比划①-③，验证一下吧。

揭开谜底！

当一条直线被两条平行线或实体遮断时，被分割开的两条线段，看起来似乎就不在一条直线上了。这种"错位"的感觉真是神奇。

这个错觉现象是德国生理学家波根多夫发现的，所以名为波根多夫错觉。

○☆△◎◇分别代表 1-9 的哪一个

11月 24日

北海道教育大学附属札幌小学

泷泷平悠史 老师撰写

阅读日期✐　　月　日　　月　日　　月　日

它们代表什么数？

图1

○、☆、△、◎、◇这几个符号，代表了 1-9 中的某几个数。如图 1 所示，根据成立的算式，你可以推导出符号背后的数吗？

首先，从算式①入手想一想。为了符合 1-9 的情况，算式 ◇ × ◇ 可以写成 1×1，2×2，3×3。1×1 的答案也是 1，不符合条件，可以排除。因此，◇可能是 2 或 3。

运用假设巧解题

假设◇表示 2，那么算式②会发生什么？在加法之和等于◇，也就是 2 的情况下，1-9 中只有 1 + 1 等于 2。☆ + △是 2 个不同数的相加，因此◇可以排除 2。当◇是 3 的时候，○等于 9（图 2）。

那么，当算式②☆ + △之和等于 3 的话，1 + 2 与 2 + 1 都可以成立。☆ = 1，△ = 2 或☆ = 2，△ = 1。

56

图2

然后，从算式③入手想一想。假设☆表示2，2× ◎ = 7，在1-9中没有符合的◎存在。因此可知，☆ = 1，△ = 2（图3）。

当☆是1的时候，算式③ 1× ◎ = 7，◎等于7。

图3

迷你
便签

面对今天的问题，当我们困惑"应该从哪里入手"的时候，可以进行大胆假设。在1-9中符合几个，就试几次。在一次一次的尝试中，答案就出来了。

古埃及的运算顺序 从右往左

学习院小学部
大泽隆之 老师撰写

阅读日期　　月　日　　月　日　　月　日

数的高位在右边？

大约在公元前 3000 年，古埃及人就开始使用莎草纸（使用盛产于尼罗河三角洲的纸莎草的茎制成的）。当时的人们，也会把数学题目写在莎草纸上。据了解，最古老的数学莎草纸文献有 3500 年的历史。

如图 1 所示，古埃及人用这些数字符号表示 1、10、100、1000……如图 2 所示，古埃及人的计数系统是叠加制，而不是位值制。因此，在书写一个大数字时，往往需要写上几十个符号，比较烦琐。

古埃及文字和数，都是从右开始书写。也就是说，数的高位在右边。现在的阿拉伯语，依旧保留这样的习惯，也是从右往左书写。

图 1

图2

如图3所示，我们来试试加法吧。

图3

乘法怎么算？

古埃及人用加法思维来进行乘法的运算。我们来试试14×15吧。

1 倍	14
2 倍	28
4 倍	56
8 倍	112

把1倍、2倍、4倍、8倍的结果相加，就是15倍的答案。即，14 + 28 + 56 + 112 = 210。

古埃及人用一双走近的腿表示加号，离开的腿表示减号。他们没有专门的乘除符号，因为乘除法运算是以加减法为基础的。

古埃及人尚不知道位值制，在表达一个数时，数字符号按大小从右向左排列。

死于决斗的天才数学家 伽罗瓦

明星大学客座教授
细水保宏老师撰写

阅读日期　　月　日　｜　月　日　｜　月　日

又一位数学天才少年

世界上著名的数学家，通常早早展露数学上的才华。有不少人在十几岁的时候，就有了巨大发现。

埃瓦里斯特·伽罗瓦（1811-1832年），就是这样的一位数学天才少年，也是一颗令人惋惜的数学流星。

伽罗瓦在15岁的时候，遇到了一本数学书。书中记载了许多数学图形问题和答案。这是一本很有深度的书，成年人往往需要2年才能读完。而天才少年伽罗瓦，只用了2天就读完了这本书。

……不要忘了我……

在此之后，伽罗瓦对数学的热情被剧烈引爆，他对其他科目再也提不起兴趣。在此期间，伽罗瓦致力于挑战数学难题，并写出了人生的第一篇数学论文。

数学家伽罗瓦诞生了。

但是，伽罗瓦的研究成果并没有马上被认可。据说，是因为内容极为艰深，其他人难以理解。

我没有时间

16 岁时，伽罗瓦自信满满地投考他理想中的大学，也是法国最著名的理工科大学。如果能进入这所大学，伽罗瓦就可以在数学的道路上，走得更高更远。

结果，伽罗瓦却名落孙山。当第二次报考这所大学时，伽罗瓦的父亲却因为被人在选举时恶意中伤而自杀，直接影响到他考试的失败。后来，伽罗瓦进入高等师范学院就读，继续进行他的数学研究。

1830 年七月革命发生之后，伽罗瓦两度因政治原因下狱。据说，他在狱中爱上一名女子，因为这段感情还陷入了一场决斗。

在决斗前夜，自知必死的伽罗瓦连夜给他的朋友写信，将他的所有数学成果狂笔疾书下来，并时不时在一旁写下"我没有时间"。这其中就有他的"伽罗瓦理论"，即用群论的方法来研究代数方程的解的理论。

第二天，伽罗瓦果然在决斗中身亡。伽罗瓦理论的建立，不仅完成了由拉格朗日、鲁菲尼、阿贝尔等人进行的研究，而且为开辟抽象代数学的道路建立了不朽的业绩。我们应该记住他的名字。

伽罗瓦未能考取的那所理工大学，叫作"巴黎综合理工大学"。它隶属于法国国防部，是法国最顶尖且最富盛名的工程师大学，被誉为法国精英教育模式的巅峰。学校以培养领导人才著名，校友中有三位法国总统，三位诺贝尔奖获得者。

简单又深奥的
益智游戏 "制造 10"

大分县　大分市立大在西小学

二宫孝明老师撰写

阅读日期 📝 　月　日 | 　月　日 | 　月　日

找到 4 个数字

今天的益智游戏，是一个简单又深奥的计算游戏，可以把它叫作"制造 10"或"益智 10"。玩这个益智游戏，不需要任何的准备。环顾四周，在身边找出 4 个数字即可。

比如，今天是 11 月 27 日。那么，我们就找到了"1、1、2、7"这 4 个数字。请大家使用 4 个数字，再加上符号"+、-、×、÷"或"[]、()"，制造 10 吧。制造过程中，数字的顺序可以打乱，符号可以不使用，也可以使用 2 次及以上。但是，像"2、7"这 2 个数字，是不可以合成"27"这样的两位数的。

制造出来了吗？

"1、1、2、7"如何制造 10？制造过程可以是 [(1 + 1) × (7 -

2)]。看来，今天的数字并不难。而有时，我们可能会找到有制造难度的 4 个数字。比如，大家可以挑战一下"1、1、5、8"，这边就不给参考答案啦。

这个益智游戏的取材，可以是身边的任何数字。我们可以和小伙伴，看着日历，看着车牌，互相出题、解题。这是一个很好玩的数学游戏。

怎么制造呢？

请用①－⑤的数字进行"制造10"游戏。想一想，应该如何制造呢？答案见"迷你便签"。

挑战①－⑤的"制造10"！

① 2、2、0、7
② 2、3、4、5
③ 8、6、4、1
④ 4、4、6、7
⑤ 3、4、9、9

怎么样？"试一试"的答案就在这里。（答案）①（7－2）×2＋0。②2×4－3＋5。③（8＋6－4）×1。④（6－4）×7－4。⑤4＋9－9÷3。※制造过程不止一个。

宽敞？狭窄？
感觉上的大小

11月
28日

神奈川县　川崎市立土桥小学
山本直老师撰写

阅读日期　月　日　月　日　月　日

宽敞还是狭窄？

学校里的体育馆，你觉得是"大"，还是"小"？不同人的回答可能会不一样。如果在体育馆开展一个班级的躲避球游戏，大家会觉得很宽敞。如果全校 500 人都聚在体育馆，举行校级的躲避球大赛，这时大家又会觉得场地很拥挤。

现在，我们举一个极端的例子。如果在体育馆举行棒球比赛，那么场地肯定是极其"狭窄"的。如果家里的厕所，和体育馆一样大的

话，你觉得怎么样？太宽敞了，上厕所上得心慌呀……因此，同一个场地，根据使用目的的不同，人们或是感觉宽敞，或是感觉狭窄。

长度和时间的不同感觉

100 米的长度，你觉得是"长"，还是"短"？根据使用目的的不同，人们的感觉也不一样。当我们骑自行车的时候，短短的 100 米踩几次脚踏板就到了。反过来，如果在学校的 100 米走廊上，搬着重重的物品，这段相同的距离给人肯定是另一种感觉。

时间也是同样。我们常常觉得，欢乐的时光总是过得飞快，而在做一个讨厌的事情时，时间又走得很慢。

我们感觉着，生活着，度过每一天。不管是大小、长度还是时间，找到一个自己觉得"合适"的点，才是最重要的。毕竟，厕所不是越宽敞越好吧。

关于重量和容积，根据使用目的的不同，人们的感知也不一样。想象一些场景，作一作比较吧。

用4个9制造 1-9吧

东京学艺大学附属小学
高桥丈夫 老师撰写

阅读日期　　月　日　｜　月　日　｜　月　日

你可以制造出1吗？

4个"9"，加上＋、－、×、÷ 和括号，可以制造出 1-9 哦。

首先，我们尝试找出 1 的制造方法。4 个 9 应该如何巧用＋、－、×、÷、括号连在一起呢？ $9 \div 9 = 1$，$1 + 9 = 10$，$10 - 9 = 1$。

用一个算式来表示的话，可以写成 $1 = 9 \div 9 + 9 - 9$。

2 和 3 的制造方法？

俗话说，有一就有二。

$9 \div 9 + 9 \div 9$ 的答案是 2。四则运算在没有括号的情况下，运算顺序为先乘除，后加减，即先进行 $9 \div 9$ 的运算。$9 \div 9 + 9 \div 9 =$

图1

$$1 = 9 \div 9 + 9 - 9$$
$$2 = 9 \div 9 + 9 \div 9$$
$$3 = (9 + 9 + 9) \div 9$$

1 + 1，2 就制造出来了。

俗话又说，接二连三。

这时，括号就派上用场了。算一算（9 + 9 + 9）÷9 吧。四则运算在有括号的情况下，要先计算括号里的数。（9 + 9 + 9）÷9 = 27÷9，3 就制造出来了（图 1）。

如图 2 所示，这是四则运算的运算法则。

我们与运算法则做一个好好的约定，继续制造出 4、5、6、7、8、9 吧。

图 2

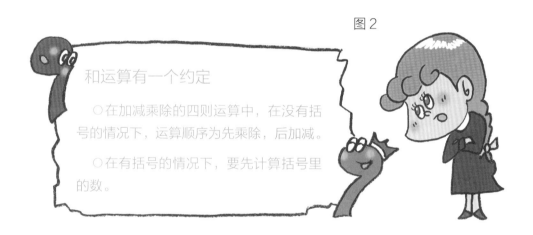

和运算有一个约定

○在加减乘除的四则运算中，在没有括号的情况下，运算顺序为先乘除，后加减。

○在有括号的情况下，要先计算括号里的数。

迷你便签

4 个 "4"，加上 +、−、×、÷ 和括号，也可以制造出 1-9 哦。详见 4 月 4 日。

隐藏在词语中的数字③

学习院小学部
大泽隆之老师撰写

你认识这些成语吗？

在"隐藏在词语中的数字①②"中，我们见识了各种各样的词语。成语，是古代词汇中特有的一种长期相沿用的固定短语，来自于古代经典著作、历史故事和口头故事。今天，我们继续发现藏在日语成语中的数字吧。

在日语中，有这样的成语"十人十色""三者三样"。它们的意思相近，表示每个人都有不同的做事方式和思考方式等，人与人真是"千差万别"啊。看好了，已经出现十、三、万、千这几个数字了。

继续观察藏着数字的成语吧。

首先，从 1 开始。"一朝一夕"形容很短的时间。我们可以说，学习不是一朝一夕、一蹴而就的事。

藏着数字的成语们

在日语中，"一长一短"指一个人既有长处也有短处。而中文里，它的意思是形容说话絮叨，琐谈不休。

"一石二鸟"本义指用一块石头砸中两只鸟，现用来比喻一个举动达到两个目的。在日语中，"追二兔者不得其一"形容做事一心二用就会一事无成。

"三寒四温"指的是冬季，冷天持续三天左右，接下来就会持续大约四天的温暖天气。这种说法源自中国北方和朝鲜半岛，后来流传到日本。

藏着数字的成语还有许多，去发现，去探索，遇见数学的美好吧。

与这些成语见个面

认识认识这些藏着数字的成语吧。

- 一唱一和
- 一表人才
- 一日三秋
- 二桃杀三士
- 三心二意
- 四面楚歌

- 五湖四海
- 六神无主
- 七上八下
- 七零八落
- 八面玲珑
- 九死一生

- 十万火急
- 百依百顺
- 千奇百怪
- 万水千山
- 万无一失

我们可以抱着"一期一会（一生只相遇一次）"的想法，与这一页相遇，与这本书相遇。把每一次相遇，当成"千载难逢"的会面。

在这个照相馆，我们会给大家分享一些与数学相关的，与众不同的照片。

带你走进意料之外的数学世界，品味数学之趣、数学之美。

"数字中的魔力"

魔方阵不仅仅是益智游戏

古时候的欧洲人认为，在数字中蕴含着一股神秘的力量。在那个时代，人们相信是神创造了包括人与自然在内的万事万物。因此当大家发现，运用数学和数学思维能够解释自然界中的神奇形状时，他们也就相信了一件事：领悟数，就是靠近神的行为。如左页图所示，这是 10 月 6 日介绍的铜版画《忧郁 I 》，可能在这幅画中就透露出时人对于数的理解。

高大健壮的天使手持圆规，托腮苦思。在她的背后，四阶魔方阵就镶嵌在屋墙上。对于当时的人们来说，魔方阵可能就相当于现代的纸符。

照片由 Bridgeman Images/Afro 提供